長者精神健康系列
認知與行為治療(失眠)
小組實務手冊

長者精神健康系列
認知與行為治療(失眠)
小組實務手冊

沈君瑜、陳潔英、陳熾良、郭韡韡、林一星著

賽馬會樂齡同行計劃
Jockey Club
JoyAge Holistic Support Project
for Elderly Mental Wellness

策劃及捐助：
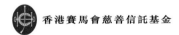
香港賽馬會慈善信託基金

合作院校：

Department of Social Work and Social Administration
The University of Hong Kong
香港大學社會工作及社會行政學系

HKU
PRESS
香港大學出版社

香港大學出版社

香港薄扶林道香港大學

https://hkupress.hku.hk

© 2024 香港大學出版社

ISBN 978-988-8805-80-8（平裝）

10 9 8 7 6 5 4 3 2 1

亨泰印刷有限公司承印

目 錄

目 錄

總序

　　安享晚年，相信是每個人在年老階段最大的期盼。尤其經歷過大大小小的風浪與歷練之後，「老來最好安然無恙」，平靜地度過。然而，面對退休、子女成家、親朋離世、經濟困頓、生活作息改變，以及病痛、體能衰退，甚至死亡等課題，都會令長者的情緒起伏不定，對他們身心的發展帶來重大的挑戰。

　　每次我跟長者一起探討情緒健康，以至生老病死等人生課題時，總會被他們豐富而堅韌的生命所觸動，特別是他們那份為愛而甘心付出，為改善生活而刻苦奮鬥，為曾備受關懷而感謝不已，為此時此刻而知足常樂，這些由長年累月歷練而生出的智慧與才幹，無論周遭境況如何，仍然是充滿豐富無比的生命力。心理治療是一趟發現，然後轉化，再重新定向的旅程。在這旅程中，難得與長者同悲同喜，一起發掘自身擁有的能力與經驗，重燃對人生的期盼、熱情與追求。他們生命的精彩、與心理上的彈性，更是直接挑戰我們對長者接受心理治療的固有見解。

　　這系列叢書共有六本，包括三本小組治療手冊：認知行為治療、失眠認知行為治療、針對痛症的接納與承諾治療，一本靜觀治療小組實務分享以及兩本分別關於個案和「樂齡之友」的故事集。書籍當中的每一個字，是來自生命與生命之間真實交往的點滴，也集結了2016年「賽馬會樂齡同行計劃」開始至今，每位參與計劃的長者、「樂齡之友」、機構同工與團隊的經驗和智慧，我很感謝他們慷慨的分享與同行。我也感謝前人在每個社區所培植的土壤，以及香港賽馬會提供的資源；最後，更願這些生命的經驗，可以祝福更多的長者。

　　計劃開始後的這些年，經歷社會不安，到新冠肺炎肆虐，再到疫情高峰，然後到社會復常，從長者們身上，我見證著能安享晚年，並非生命中沒有起伏，更多的是在波瀾壯闊的人生挑戰中，他們仍然向著滿足豐盛的生活邁步而行，安然活好每一個當下。

　　願我們都能得著這份安定與智慧。

香港大學社會工作及社會行政學系
高級臨床心理學家
賽馬會樂齡同行計劃 計劃經理（臨床）
郭韡韡
2023年3月

前言

有 關 「 賽 馬 會 樂 齡 同 行 計 劃 」

有研究顯示，本港約有百分之十的長者出現抑鬱徵狀。面對生活壓力、身體機能衰退、社交活動減少等問題，長者較易會受到情緒困擾，影響心理健康，增加患上抑鬱症或更嚴重病症的風險。有見及此，香港賽馬會慈善信託基金主導策劃及捐助推行「賽馬會樂齡同行計劃」。計劃結合跨界別力量，推行以社區為本的支援網絡，全面提升長者面對晚晴生活的抗逆力。計劃融合長者地區服務及社區精神健康服務，建立逐步介入模式，並根據風險程度、症狀嚴重程度等，為有抑鬱症或抑鬱徵狀患者提供標準化的預防和適切的介入服務。計劃詳情，請瀏覽http://www.jcjoyage.hk/。

有 關 本 手 冊

「賽馬會樂齡同行計劃」提供與精神健康支援服務有關的培訓予從事長者工作的助人專業人士（包括：從事心理健康服務的社工、輔導員、心理學家、職業治療師、物理治療師和精神科護士），使他們掌握所需的技巧和知識，以增強其個案介入和管理的能力。本手冊屬於計劃的其中一部分。製作本手冊的主要目的，是期望提供有系統的實務指引，協助助人專業人士和社區，以認知行為治療理論作為小組介入的手法，針對有抑鬱及失眠徵狀長者的情況作出介入，從而達到有效改善情緒及睡眠情況。

此手冊包含了多年來參與這項計劃中的長者與社工在應用認知行為治療的歷程與心得。當中的物資、故事、解說、練習與活動，都是經過長者們與社工多次的分享與回饋，不斷的改進，以至更能切合長者的言語、文化、思維與生活模式。至於他們的經驗，反映了很多西方實證的心理治療手法，實在需要與受眾一同共建，達到一個本土化、與受眾群體文化共融的體現方式。在此，衷心感謝長者們與同工的參與，更願此手冊，可以讓更多的長者受惠。

如 何 運 用 此 手 冊

此手冊分為三部分：第一部分為小組基本資料及開組前預備；第二部分為小組每節內容及具體流程；第三部分為小組物資、工作紙、附錄練習及參考資料。工作員應在開組前詳細閱讀及理解當中的材料，以便更好地掌握整個小組的結構及進程。

請留意，工作員在運用此手冊前，必須先接受相關失眠及認知行為治療的培訓。未受相關培訓的工作員並適不合使用此手冊；本手冊內容亦非供失眠或抑鬱症人士自主閱讀的材料。

關 於 失 眠

睡 眠 困 難 的 定 義

　　在香港，睡眠困難的情況十分普遍，有研究指出受睡眠困擾的人士，多達38.3%（Yu, Yeung, & Lam et al., 2020）。睡眠困難亦是長者經常遇到的問題。長者因為生活作息、心情，以至生理的因素，很多時也會出現間歇性的睡眠困擾，或是投訴睡眠質素不佳。由於睡眠困難是抑鬱症的其中一個徵狀，再加上長者往往會以身體情況來表達情緒的困擾，他們很多時出現睡眠困難，其實亦顯示已受到情緒困擾。因此，一個整全的臨床評估，為受睡眠困擾的長者提供最適切的介入，尤其重要。

　　在臨床定義上（APA, 2022），睡眠困難主要分為三大類，包括：入睡困難（上床後30分鐘仍未能入睡）、難以維持睡眠（半夜經常醒來，以及醒來後超過30分鐘都不能再次入睡），及早醒（早於一般醒來時間至少30分鐘，以及無法再入睡）。又若要符合臨床診斷上的定義，這些睡眠困難情況需在一星期中出現多於三晚，維持至少三個月，以及影響當事人的日常生活（APA, 2022）。由此可見，在臨床上處理的睡眠困擾，並非坊間一般幾晚睡不好的情況，而是需要更適切的介入。

認知行為治療用於處理長者睡眠困難

在很多的臨床研究中，認知行為治療是被驗證為有效醫治短期及長期失眠的心理治療方法之一（Traue, Qian, Doyle, & et al. 2015）。概括而言，認知行為治療認為當事人的生活作息、與睡眠相關的不合適行為，以及產生睡眠焦慮的想法，都會令當事人的睡眠困擾持續。行為方面，一些不良的習慣以及身體反應，例如作息不規律、生理時鐘混亂，或缺乏運動等，都會增加睡眠的困難。另外，為了應付睡眠困難，長者或會做出一些與睡眠不相容的行為，如賴床、午睡、於床上做其他活動、於午後喝茶提神、喝酒助眠等。另一方面，長者對睡眠的一些誤解，以至災難化的想法，亦會令睡眠困擾持續。例如：認為睡眠一定要八小時才健康、過度擔心失眠對身體的影響、害怕上床、反覆地想失眠對自己造成的後果，或對睡眠抱太大的期望等，都是長者常見的焦慮想法。針對這些身心思想情況，失眠的認知行為治療可包含六大部分：建立良好的睡眠衛生（sleep hygiene education）；重設睡眠及起床作息（sleep-wake scheduling）以調整生理時鐘；用情境控制法（stimulus control）加強入睡的生理反應；學習鬆弛練習平靜身心；以睡眠限制法（sleep restriction）增加睡意；以及調整想法，減少對睡眠的焦慮及誤解。透過以上方法，失眠的認知行為治療主要改變長者一些維持睡眠困難的行為及想法，以及加強有助睡眠的行動，從而改善他們的睡眠。

第 二 章

小 組 目 的 及 對 象

小 組 目 的

針對認知和行為去改善失眠：

行為方面：

- 善用睡眠規律
- 改善睡眠衛生
- 鬆弛練習
- 建立有助睡眠的習慣
- 情境控制法（能入睡才上床）與睡眠限制法

認知方面：

- 正確的知識與心態
- 調整思想以改善情緒
- 睡前憂慮處理
- 壓力的處理
- 意念想像與睡眠狀態

小 組 對 象

- 60歲或以上
- 受睡眠問題困擾，以及病人健康狀況問卷（PHQ-9；Kroenke & Spitzer, 2002）為10分或以上的參加者。如小組組員大部分睡眠問題較淺，又或PHQ-9的分數為5至9分，即處於輕度抑鬱狀況，工作員可考慮調整及簡化小組的內容，由8節調整至6節的小組。6節小組的大綱可參考附錄（P.37），當中所有活動與8節小組一樣，只是個別活動時間長短有所調整，以更切合組員的狀況

小 組 結 構

- 人數：約6至8人
- 節數：8節（每節2小時）
- 工作員：由一位曾接受認知行為治療訓練的工作員帶領小組；另有幾位曾接受計劃訓練的「樂齡之友」[1]從旁協助，比例約為每兩位組員有一位「樂齡之友」
- 每節因應情況中間可預留約10至15分鐘休息時間

註

1. 「賽馬會樂齡同行計劃」由2016年開始提供「樂齡之友」課程和服務。「樂齡之友」培訓課程包含44小時課堂學習(認識長者抑鬱、復元和朋輩支援理念、運用社區資源、「身心健康行動計劃」和危機應變等等) 及 36小時實務培訓（跟進個案、分享個人故事和小組支援等等）。完成培訓和實習的「樂齡之友」，將有機會受聘於「賽馬會樂齡同行計劃」服務單位，用自身知識和經驗跟進受抑鬱情緒或風險困擾的長者，提昇他們的復元希望。

開 組 前 準 備

1. 識別有特殊需要的長者，並加以協助，例如：

   - 工作員應將筆記及工作紙放大影印予視力有問題的長者

   - 安排聽力有問題的長者坐近講員，並安排特定的「樂齡之友」從旁協助，重複講員的重點

   - 安排「樂齡之友」在課堂上協助不懂寫字的長者；課堂以外，或需對工作紙作調整，如簡化練習或請長者以其他形式填寫，亦可請「樂齡之友」在每堂之間致電長者，以幫助他們完成小練習工作員應於每一節前詳細閱讀該節內容一次，清楚了解每一節的目的及重點，並因應場地及時間限制，對活動安排作適當的調整

2. 工作員應於每一節前詳細閱讀該節內容一次，清楚了解每一節的目的及重點，並因應場地及時間限制，適當調整活動安排

3. 工作員應於小組開始前安排及聯絡需要出席的「樂齡之友」，並且給予指示及指導，例如分派特定「樂齡之友」照顧有需要之長者，解釋清楚「樂齡之友」於小組內的角色、可幫忙的事項，指導「樂齡之友」填寫睡眠日記和如何計算平均作息時間及睡眠效率

課 節 內 容 概 覽

節數	主題	大網
1	知己知彼	• 互相認識+訂立小組守則 • 介紹小組目標及內容 • 介紹睡眠與失眠 • 了解組員期望 • 訂立個人目標 • 安排睡眠日記式
2	一整天的準備	• 睡眠規律與生活習慣 • 日常飲食與運動 • （睡眠衛生）睡眠環境、床的運用及睡前準備
3	睡眠新習慣	• 睡眠效率 • 訂立新的睡眠時間表 • 放鬆練習（腹式呼吸＋肌肉鬆弛）
4	情緒與睡眠 （一）	• 學習放鬆與睡眠的關係 • 學習不同的鬆弛練習:腹式呼吸及肌肉鬆弛法
5	情緒與睡眠 （二）	• 思想、情緒與失眠的關係 • 明白不同的解讀（思想／想法）會帶來不同的感受 • 意像鬆弛練習
6	思想新角度 （一）	• 認識不同的思想陷阱／地雷，以及它們對情緒的影響 • 學習改變想法，懂得欣賞周遭事物和培養感恩之心
7	思想新角度 （二）	• 捕捉及挑戰自己的負面想法，並建立健康且有助紓緩情緒的想法／句子 • 協助組員建立有效紓緩情緒的方法
8	堅持可變成習慣	• 協助組員重溫及鞏固之前的學習，以及建立處理失眠的工具 • 讓組員分享於這八星期中的改變與得著，互相欣賞和鼓勵

課節內容

目標 ◎

1. 讓組員互相認識，訂立小組守則
2. 簡介小組目標及內容，協助組員訂立個人目標
3. 了解睡眠的規律與失眠的因素
4. 讓組員明白睡眠日記的重要及懂得填寫

小組內容 📏

活動 1

我是誰？（自我介紹）⏱10分鐘

☆ **目的**：讓組員互相認識，並介紹工作人員

☆ **物資**：
- 名牌
- 筆

☆ **步驟**：

1. 派發名牌及白板筆給各組員
2. 請各組員在名牌上寫上自己的稱呼
3. 工作員作簡單的自我介紹
4. 邀請組員輪流自我介紹（例如:稱呼、嗜好等等）

經·驗·分·享

▶ 長者大多對治療有一定的忌諱。建議小組不使用「治療」或「認知行為治療」等字眼，改以「參與課程」來命名小組能減低污名，增加積極性之餘，更能讓組員覺得自身的能力及成就感

▶ 工作員可於這個活動中識別有特別需要之長者，如不識字、聽力問題等，並加以協助。在往後的小組內容與物資，亦可因應組員的需要而調整

活動 2

齊來定守則 ⏱10分鐘

☆ **目的**： 訂立小組守則

☆ **物資**：
- 白板
- 白板筆

☆ **步驟**：

1. 邀請組員分享他們期望大家應有的態度或小組應有的守則
2. 工作員補充不可或缺的守則，例如:尊重他人、互相包容、積極參與、保密原則
3. 工作員總結並記錄共同訂下的小組守則

經·驗·分·享

- ▶ 工作員應多鼓勵組員主動提出小組守則，有需要時才作最後補充
- ▶ 重複提醒小組守則
- ▶ 多提醒組員，在小組內越投入越有好處，例如:可以學習更多，認識更多

活動 3

你無心睡眠嗎？ 睡眠如何發生 - 睡眠週期與睡眠規律 ⏱30分鐘

☆ **目的**：
- 認識睡眠是甚麼 （可以配合下一個活動）
- 了解影響睡眠規律的主要因素:眼瞓指數及生理時鐘
- 睡眠健康指數大檢查

☆ **物資**：
- 代幣
- 簡報S1 第8至16頁

☆ **步驟**：

1. 睡眠如何發生？—— 睡眠周期與睡眠規律 （睡眠的不同階段）（簡報S1 第8至11頁）
   - ▶ 可以輪流問大家覺得正常的睡眠時間是多久， 然後帶出其實每個人需要的睡眠時間都不同
   - ▶ 長者年紀越大，睡眠周期越會改變，如較多淺睡等
2. 講解影響睡眠規律的主要因素（簡報S1 第12至15頁），如眼瞓指數、生理時鐘
   - ▶ 眼瞓指數—— 一覺醒來就會開始累積這個指數，越多做有助睡眠的行為（下一項目詳細表述），指數越高
   - ▶ 生理時鐘——除了自己身體的時鐘，生理時間表，例如:食飯時間、運動時間，也會受環境因素影響，如環境光度等
3. 在睡眠健康指數大檢查活動時，介紹以下每一項有助睡眠的行為，都能儲備睡眠代幣（簡報S1 第16頁）:
   - ▶ 組員每做一個項目會有一個代幣，活動完成後每人看看手上有多少個代幣:
     - **a.** 定時起床（日間）
     - **b.** 定時入睡（夜間）
     - **c.** 日間有足夠的活動（運動／家務／出門）
     - **d.** 沒有日間小睡／打瞌睡
     - **e.** 晚飯時間在睡眠四小時前
     - **f.** 眼瞓才上床

4. 提醒組員越多睡眠代幣，等於睡眠規律比較好，晚上有助睡眠的因素亦比較多，睡眠會越好

▶ 長者較難投入和理解過於概念化的解說，工作員宜多用長者自身的例子，或是以日常生活用具作比喻。例如解說「要儲足夠的眼瞓指數才可入睡」，可以比喻為「換印花」

▶ 因長者重視關係，在小組過程中亦可增加互動元素，比如互相了解對方的睡眠習慣，以計算睡眠健康指數

休息10分鐘

活動 4

甚麼是失眠？ ⏱30分鐘

☆ **目的**：簡介導致失眠的因素/惡性循環

☆ **物資**：
• 失眠因素Bingo紙 （附錄01）

☆ **步驟**：

1. 簡介失眠的定義，以及每位組員的失眠屬於哪種情況（簡報S1第17及18頁「怎樣才算是失眠？」）
   a. 難入睡型
   b. 難熟睡型
   c. 早醒型
   跟參加者解說失眠其實很普遍

2. 每位組員獲派發一張Bingo紙，工作員可因應組員常見或共通的失眠因素而製作這張工作紙，如：
   a. 個人因素：完美主義、過度擔心
   b. 誘發因素：壓力/憂慮、情緒困擾、痛症/病痛、作息混亂、酗酒/藥物
   c. 維持因素：日間小睡、不定時起床、在床上活動

3. 工作員逐一介紹導致失眠的因素，並請組員圈選出與自己有關的因素（簡報S1 第19至23頁），如：
   a. 睡眠不離三兄弟：環境、心理、生理
   b. 個人因素：如性格
   c. 誘發因素：如工作壓力、家人患病
   d. 維持因素：如作息時間不穩定
   以上因素容易造成失眠。失眠久了，便有機會產生對失眠的負面想法，例如會說：「弊傢伙，睡不著明天一定沒有精神上班」，造成一旦失眠便緊張起來，加劇對睡眠的壓力，有時候更逼自己去睡，不眼瞓也躺在床上，造成惡性循環

4. 介紹小組未來數節的目標是要如何減少這些因素（簡報S1第24及25頁）

活動 5

填寫睡眠日記 ⏱20分鐘

☆ **目的**：客觀記錄睡眠情況，找出睡眠規律、自己的睡眠習慣及影響睡眠的因素

☆ **物資**：
- 「睡眠日記」工作紙 （附錄 02）
- 簡報S1第26至28頁「家課：睡眠日記」
- 筆

☆ **步驟**：
1. 請組員在課堂內填寫昨晚的睡眠日記，「樂齡之友」可協助有需要的組員填寫

經·驗·分·享

- ▶ 由於很多長者視低學歷為負面形象，因而較易對工作紙及書寫感到抗拒。同工可發揮創意，在物資或小組過程中，用不同的方式去增加趣味或美感，比如用彩色工作紙、羽毛筆等，以及用貼紙代替填寫等，都有助減低抗拒
- ▶ 很多長者雖然對計算睡眠時間很陌生，但卻好奇自己的睡眠有效度。同工宜先與組員一起討論一個例子，亦可強調睡眠日記的重要性，都會有助減低焦慮，增加掌控感、成功感與歸屬感，而且更易鼓勵長者撰寫有關睡眠情況
- ▶ 留意長者很多時都會以為自己一夜無眠，實則是大多處於淺睡階段，即是較迷糊卻對環境仍有覺察；工作員可以與組員討論，加以引導和協助定義，比如可詢問當中是否清醒或迷糊，亦可以用閉目養神來詢問這淺睡的狀態。如組員堅持自己沒睡，就以組員的主觀感覺作準
- ▶ 大部分長者生活都有一定的規律，未必有留意確實入睡或起床的時間，第一次填寫練習時可以根據他們心中大概的時間，同時鼓勵他們日後留意這方面的情況，但提醒他們不要因此而構成壓力，甚至影響睡眠
- ▶ 由於長者的專注力較短暫，在填寫練習時，宜有「樂齡之友」協助，或是在事前已得到適當的幫助，在這環節大家可以分享自己的睡眠狀況及效果

活動 6

總結及安排小練習 ⏱10分鐘

☆ **目的**：總結本節學習重點，並安排家課小練習

☆ **物資**：
- 「睡眠日記」工作紙 （附錄 02）

☆ **家課**：

1. 「睡眠日記」
2. 預備自己房間環境或是雪櫃內食物的照片，用作下堂討論

☆ **步驟**：
1. 工作員邀請組員分享對於本節的感想及疑問
2. 工作員作解答提問小總結，並就組員的分享，總結組員的得著及本節的學習重點
3. 講解如何完成工作紙，邀請他們於往後一星期內填寫
4. 討論當中出現的挑戰及解決方法
5. 感謝組員的積極參與，並鼓勵他們完成工作紙及照片後並在下一節帶回小組

▶ 對於新鮮而陌生的事情，長者很需要成功感。在給予第一次家課小練習時，最理想是在課堂上已經填寫了第一篇。同工亦可因應對長者的認識，調整做練習的方法，比如以貼貼紙或語音記錄代替填寫

▶ 雖然期望組員填寫「睡眠日記」時應盡量客觀，但亦需提醒組員不要把這練習變成焦慮的來源，時刻留意時間與自己的睡眠

▶ 對於不識字的長者，可以請「樂齡之友」或朋輩支援員致電詢問並代為填寫練習

▶ 第一次的家課經驗會很影響長者之後參與家課的態度。同工可盡量提供協助，以及提醒長者應注意的事項，讓他們把家課與個人處境連繫起來

目 標

1. 明白睡眠是一整天的準備
2. 了解自己的生活習慣對睡眠的影響
3. 了解睡眠衛生的重要
4. 學習情境控制法

小 組 內 容

| 活動1 | 重溫上節課程內容及複習小練習 ⏱20分鐘 |

☆ **目的：** 回顧睡眠規律（睡眠健康指數大檢查）

☆ **物資：**
- 睡眠日記（已填寫的）
- 睡眠日記（記錄新的）（附錄 02）
- 簡報S2 第 1至11頁

☆ **步驟：**

1. 了解組員的睡眠習慣（分析睡眠日記）（簡報S2 第2至4頁）
2. 認識影響睡眠的主要因素，工作員與組員一起檢視睡眠日記（投影片S2第2至4張）
   a. 每晚睡眠時間是否很差異？
   b. 為甚麼有些晚上眠得比較好或差？
   c. 何時起床？有否賴床習慣？
   d. 睡眠質素：半夜醒來的次數？需要多久才能再入睡？
3. 複習上一節（簡報S2 第5至10頁）
   ▶ 影響睡眠的兩種力量：生理時鐘及眼瞓指數

經・驗・分・享

▶ 由於第一次的經驗會很影響長者之後於家課的參與。同工於這次要建立分享家課的常規。對於長者分享家課亦有助推動他們於日常去實踐，以及組員之間互相支持的小組力量。如有組員忘記填寫，就即場協助他分享今天或昨天的睡眠日記，以至每位組員都有練習與分享，建立常規

▶ 由於長者的專注力較易分散，在分享時，可以以主題式分享，如針對某一睡眠狀況作大組分享。由於是第一節，同工可選擇重點分享組員共有的困難，以建立更好的小組動力與投入感

活動 2

建立有助睡眠的習慣（日常飲食） ⏱10分鐘

☆ **目的：** 了解日常飲食對睡眠的影響（簡報S2 第12頁）

☆ **物資：**

- 食物／組員雪櫃的照片
- 簡報S2 第12至22頁

☆ **步驟：**

1. 飲食大搜查
2. 2至3人一組，分享大家家裡雪櫃的照片
3. 把食物分類，找出會影響睡眠的食物
4. 介紹飲食與睡眠的關係，並計劃如何逐步減少影響睡眠的食物（例如：咖啡、酒、刺激性食物），過飽或過餓也不行

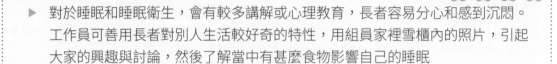

▶ 對於睡眠和睡眠衛生，會有較多講解或心理教育，長者容易分心和感到沉悶。工作員可善用長者對別人生活較好奇的特性，用組員家裡雪櫃內的照片，引起大家的興趣與討論，然後了解當中有甚麼食物影響自己的睡眠

活動 3

身體動一動 ⏱10分鐘

☆ **目的：** 了解運動狀況對睡眠的影響

☆ **物資：**

- 簡報S2 第23至24頁

☆ **步驟：**

1. 參考遊戲：大兵步操
   - ▶ 玩法：組員隨意找位置站好，按工作員的指令做出相應的動作，考驗大家的反應
   - ▶ 大兵步操：聽到大兵步操指令，組員在原地以手腳做出步操的動作，即是雙手前後揮動，雙腳原地踏步
   - ▶ 大兵手停：聽到大兵手停指令，組員即時停止雙手動作，雙腳仍然維持當前的動作
   - ▶ 大兵腳停：聽到大兵腳停指令，組員即時停止雙腳動作，雙手仍然維持當前的動作
2. 介紹運動與睡眠的關係，以及如何運動對睡眠最有幫助（簡報S2 第24頁），例如：睡前大約4小時內不要做運動

休 息 1 0 分 鐘

活動 4

睡眠環境 ⏱25分鐘

☆ **目的：** 了解睡眠環境與習慣對睡眠的影響，認識睡眠環境指數——舒適度、光線、溫度、通風（簡報S2 第25至27頁）

☆ **物資：**
- 組員／網上睡房的照片
- 簡報S2 第25至34頁

☆ **步驟：**

1. 組員分享在睡房裡的活動（簡報S2 第28頁）
2. 簡介睡床的運用如何影響睡眠。組員可能分享在睡床上會看手機、看報紙、講電話等跟睡眠無關的活動，社工可以帶出在睡床上最好只用於睡覺，不要做睡眠以外的其他事情。原因如下：

   a. 情境與身心狀態之間的關連（簡報S2 第29至31頁）
   - ▶ 解釋如果睡不著，在床上躺著，想東想西，床就會跟擔憂聯繫起來，以後躺在床上就沒有睡意了
   - ▶ 床要跟睡覺聯繫，不可以跟非睡覺的活動聯繫
   - ▶ 可以用Little Albert 故事解釋，如果覺得長者不明白，可以改用其他較易明白的例子
     https://www.youtube.com/watch?v=9hBfnXACsOI
   - ▶ 原本情境（老鼠）跟身心（Little Albert）無聯繫，但將情境與巨響（引起害怕）在Little Albert 跟老鼠玩的時候連在一起，Little Albert 就會將情境（老鼠）跟害怕（由巨響引起）聯繫起來了，以後Little Albert 看見老鼠就會害怕了
   - ▶ 情況跟睡床（情境）和身心（放鬆心情）一樣，有這個聯繫的話，一睡在床上就可以睡著了。但如果睡床（情境）和身心（擔心、想東想西，又或娛樂、看手機）聯繫一起，就容易失眠了

3. 加強睡意與床的聯結（情境控制法）（簡報S2 第32至33頁）
   a. 帶出有睡意才躺床的道理
   b. 躺床多於30分鐘後卻睡不著，繼續躺下去只會是更難入睡（常見的誤會）

- ▶ 對於睡眠和睡眠衛生，會有較多講解或心理教育，長者容易分心和感到沉悶。工作員可善用長者對別人生活較好奇的特性，用組員睡房的照片，一方面較易引起大家興趣與討論，另一方面亦可具體地帶領組員檢視自己的睡眠環境
- ▶ 留意睡房是較私人的地方，展示時要先得到當事人的同意。另外，帶領組員聚焦於睡眠環境，而非討論照片中的其他細節
- ▶ 對於沒有睡意時要下床，很多長者面對的其中挑戰是睡不著下床能做甚麼。這部分可以鼓勵組員共同提議。另外，工作員亦可預先安排一些合適的活動物資，比如：填色、禪繞畫、寧靜的音樂等，供組員嘗試使用

活動 5

睡前準備 ⏱20分鐘

☆ **物資：**
- 簡報S2 第34至39頁

☆ **步驟：**
1. 邀請組員分享睡前的習慣
2. 鼓勵建立個人的大腦關機習慣（可以配合討論），盡量避免：
   a. 強烈的光線
   b. 刺激大腦的活動
   c. 想未完成的／明天要做的／煩擾你的事

▶ 長者往往有自己的生活智慧。工作員除了講解投影片的內容外，還可鼓勵組員分享自己有助入睡的習慣，集思廣益。重點不是找出特定方法，而是讓組員明白入睡的放鬆狀態是需要去預備的

活動 6

小組討論 ⏱15分鐘

☆ **目的：** 總結在睡眠衛生上需要改善的地方

☆ **物資：**
- 「一整天的預備」工作紙 （附錄 05）
- 簡報S2 第40至41頁

☆ **步驟：**
1. 總結睡眠衛生是需要一整天的預備
2. 讓組員於「一整天預備」工作紙上圈選出其中3個需要改善的睡眠衛生因素 （例如：固定起床時間、適當運動、避免刺激〔身心〕的事、別過飽／餓入睡）
3. 與組員一起討論改善睡眠衛生時所面對的挑戰及具體的改善方法

▶ 長者有時需要同伴的附和，以產生共鳴。工作員可以安排有類似睡眠衛生問題的組員成為一組，一起討論改善睡眠衛生因素時面對甚麼挑戰以及有甚麼解決方法。當問題較不切身，長者往往更容易想到解決方法，所以可嘗試讓另一組去提供具體的改善方法

活動 7

總結及安排小練習 ⏱10分鐘

☆ **目的：** 總結本節學習重點，並安排家課小練習

☆ **物資：**
- 「睡眠日記」工作紙（附錄 02）及「一整天的預備」工作紙（附錄 05）

☆ **家課：**

1. 填寫「睡眠日記」
2. 填寫「一整天的預備」
3. 持守「瞓得著才上床（情境控制法）」原則

☆ **步驟：**

1. 工作員邀請組員分享對於本節的感想及疑問
2. 工作員作解答提問小總結，並就組員的分享，總結他們的得著及本節的學習重點
3. 工作員邀請組員填寫第一天（即前一夜）的情況於工作紙上，講解如何完成工作紙，同時邀請他們於往後一星期繼續填寫睡眠的情況
4. 討論改善睡眠衛生因素時所面對的挑戰以及有甚麼解決方法
5. 感謝組員的積極參與，並鼓勵他們完成工作紙後在下一節帶回小組

經・驗・分・享

▶ 對於改善生活習慣，很多長者都感到不容易或是有保留。工作員可以坦誠地與組員討論他們的猶豫，以及想改善睡眠背後的價值觀（比如更有精神享受與家人相處）。越清晰帶出背後的原因，越能強化長者改變的動機

▶ 把要改善的地方分成小步，嘗試由較易方面入手。同時，同伴亦是一個很重要的推動因素，可以把組員配對，並請他們在這星期中互相鼓勵，推動改變

▶ 由於下一節要協助組員計算睡眠有效度，工作員可建議組員於每節的前一天影相或交回睡眠日記，以便開組前已清楚計算睡眠有效度

目 標 ◎

1. 計算睡眠有效度
2. 介紹睡眠限制法
3. 根據睡眠限制法去訂立新的睡眠時間表，以改善睡眠有效度

小 組 內 容

活動 1

重溫上節課程內容及複習小練習 ⏱20分鐘

☆ **目的**：與組員回顧睡眠日記及釐清內容

☆ **物資**：
- 睡眠日記（已填寫的）
- 睡眠日記（記錄新的）（附錄 02）
- 簡報S3 第1至6頁

☆ **步驟**：

1. 回顧睡眠規律 （「樂齡之友」可協助有需要的組員回顧睡眠日記及釐清內容）
2. 重溫一整天的準備
   - a. 飲食大搜查
   - b. 適量的運動
   - c. 睡眠環境 （情境控制法）
   - d. 睡前準備
5. 了解組員是否能夠跟隨情境控制法的原則
   - a. 只有在想睡時，才上床躺著準備入睡
   - b. 如躺在床上後不能迅速入睡（約15至20分鐘），起床到房外做輕鬆活動或放鬆練習
   - c. 直到有明顯睡意時才再入睡房準備睡覺
   - d. 如仍未能入睡，請重複步驟b（一夜當中可能要重複好幾次）

經 驗 分 享

▶ 由於下一節要協助組員計算睡眠有效度，工作員可建議組員於每節的前一天影相或交回睡眠日記，以便開組前已清楚計算睡眠有效度

▶ 在回顧小練習時，多肯定長者在當中的改變。同時多帶動長者去分享家課，這亦有助推動他們於日常去實踐改變，以及組員之間互相支持的小組力量

▶ 如有組員忘記填寫睡眠日記及一整天準備工作紙，可即場協助他分享相關內容，使到每位組員都有機會練習與分享，建立常規

▶ 在回顧家課時，可以一起討論組員面對的挑戰，分享大家不同的解決方法。如留意到有共通或重複出現的困難，工作員亦可於之後的節數預留時間作針對性的討論

<table>
<tr><td>

**活
動
2**

</td><td>

回顧一整天的準備——建立有助睡眠的習慣　⏱20分鐘

☆ **目的**：建立半夜失眠時的處理方法

☆ **物資**：
- 白板
- 白板筆

☆ **步驟**：

1. 播放投影片：半夜醒來，你會做甚麼？（簡報S3 第7至10頁）
   - ▶ 組員分享為甚麼半夜會醒？（例如：要去洗手間？）
   - ▶ 分享半夜醒來會做的事情（例如：看電話／電視／書、吃食物）
   - ▶ 簡介半夜醒來應該跟隨的守則（簡報S3 第8頁）
   - ▶ 重提睡意與床的聯結（情境控制法）

</td></tr>
</table>

> - ▶ 對於沒有睡意時要下床，很多長者面對的其中挑戰是睡不著下床做甚麼。這部分可以鼓勵組員共同提議。另外，工作員亦可預先安排一些合適的活動物資，比如：填色、禪繞畫、寧靜的音樂等，供組員嘗試使用
> - ▶ 工作員可以邀請組員把處理方法加在「一整天的預備」工作紙內「半夜」一項，有助提醒組員嘗試新方法

<table>
<tr><td>

**活
動
3**

</td><td>

睡眠新習慣　⏱20分鐘

☆ **目的**：
- 讓長者了解自己的睡眠效率及找回固定作息時間
- 為自己訂立新的睡眠及起床時間

☆ **物資**：
- 簡報S3 第11至17頁

☆ **步驟**：

1. 睡眠效率（簡報S3 第12至14頁）：
   - a. 找出平均上床、入睡、醒來與起床的時間
   - b. 找出自己屬於哪種類型睡眠困難
2. 簡介三種睡眠困難的類型及各類型在訂立新睡眠習慣的準則（簡報S3 第15至17頁）
3. 請各組員在小組內找尋相同失眠類型的組員，然後安排他們坐在一起。完成後再一起檢查各長者是否編派在正確的組內
4. 回顧功課後，請「樂齡之友」協助組員計算平均作息時間及睡眠效率

</td></tr>
</table>

> - ▶ 長者有時較難掌握計算的過程，工作員可以邀請「樂齡之友」協助他們，或是請長者提前計算好，以便集中講解這部分

休 息 1 0 分 鐘

活動 4

重置生理時鐘──固定作息時間的原則 ⏱25分鐘

☆ **目的**：運用睡眠限制法的原則，訂立新的作息時間

☆ **物資**：
- 簡報S3 第18至28頁

☆ **步驟**：

1. 根據組員的失眠類型及睡眠狀況，調整新的上床及起床時間（簡報S3 第16頁）

2. 講解讓組員明白緊守眼瞓才上床的原則（簡報S3 第18頁），以強化他們對床跟睡意的聯繫：
   a. 如果到了躺床時間還是沒有睡意，別躺床
   b. 如果在躺床時間之前已感睏倦，堅持到訂下的躺床時間才上床（儲多點眼瞓指數）
   c. 如果半夜醒來，感覺已經完全清醒或醒來20分鐘左右（別看鐘），離開床直到有睡意（簡報S3 第19至21頁），而看鐘會令自己更加焦慮，更多思想，更難入睡

3. 日間固定作息時間的重要性（簡報 S3 第22至23頁）

4. 講解除了睡眠衛生和新的作息時間，睡眠也受其他因素影響。當中心理因素也很重要。工作員可帶組員重溫失眠的惡性循環，強調面對睡眠和改變時的心態，正常看待一些起伏變化和改變中的挑戰（簡報S3 第24至27頁）

經·驗·分·享

▶ 在訂立新的作息時間時，要留意長者的反應與願意程度。如果他們對任何改變都感覺太難，可以稍為調整，由一小步開始，以增加改變的動力和成功感。同時強化組員對改善睡眠的動機，一起找回背後所重視的價值

活動 5

你撐我，我撐你 ⏱15分鐘

☆ **目的**：讓組員互相分享可以幫助改變的動力與方法

☆ **步驟**：

1. 根據組員失眠的類型把他們分成不同的小組，然後邀請他們在小組內分享睡眠改善了後，生活上帶來甚麼的改變？對他們最重要的是甚麼

2. 討論實踐改變時的困難及應對方法

3. 於大組一起分享推動改善睡眠的動機，以及分享應付改變的方法與心態

經·驗·分·享

▶ 面對改變，同伴的支持與建議，很多時都會對長者有幫助。如時間有限，工作員最重要做的是增加長者求變的動機

活動 6

總結及安排小練習 ⏱10分鐘

☆ **目的：** 總結本節學習重點，並安排家課小練習

☆ **物資：**
- 「睡眠日記」工作紙（寫上新的起床和上床時間）（附錄 02）
- 「一整天的預備」工作紙（附錄 05）
- 簡報S3 第29至30頁

☆ **家課：**

1. 填寫「睡眠日記」並寫上新的起床和上床時間
2. 填寫「一整天的預備」
   ▶ 跟從新的作息時間
   ▶ 改善睡眠衛生
3. 持守「瞓得著才上床（情境控法）」原則

☆ **步驟：**

1. 總結今節的重點，工作員邀請組員分享對於本節的感想及疑問
2. 工作員作解答題問小總結，並就組員的分享，總結組員的得著及本節的學習重點
3. 工作員邀請組員填寫第一天（即前一夜）的情況於工作紙，講解如何完成工作紙，同時邀請他們於往後一星期繼續填寫睡眠的情況
4. 感謝組員的積極參與，並鼓勵他們完成工作紙後在下一節帶回小組

經 · 驗 · 分 · 享

▶ 由於下一節要協助組員計算睡眠有效度，工作員可建議組員於每節的前一天影相或交回睡眠日記，以便開組前已計算清楚睡眠有效度

目 標 ◎

1. 學習放鬆與睡眠的關係
2. 學習不同的鬆弛練習：腹式呼吸法及肌肉鬆弛法

小 組 內 容 ✏️

活動 1

重溫上節課程內容及家中實踐成果 ⏱30分鐘

☆ **目的**：與組員回顧睡眠日記及釐清內容

☆ **物資**：
- 睡眠日記（已填寫的）
- 睡眠日記（記錄新的）（附錄 02）
- 簡報S4 第1至8頁

☆ **步驟**：
1. 計算平均作息時間及睡眠效率是否達成目標，以及闡述改變過程中所面對的困難
2. 討論成功的因素，以及實踐改變時面對困難的方法
3. 計算新的睡眠效率及調整「限制躺床時數」
4. 調整及訂立新的固定躺床和起床時間

經·驗·分·享

▶ 在回顧小練習時，多肯定長者在當中的改變。同時多帶動長者去分享家課，這亦有助推動他們於日常去實踐改變，以及組員之間互相支持的小組力量

活動 2

個案討論和分享（小組形式） ⏱20分鐘

☆ **目的**：讓組員多一點覺察自己或別人的睡眠習慣

☆ **物資**：
- 簡報S4 第10至12頁

步驟：
1. 分組員為兩個小組去討論和分享
2. 鼓勵組員嘗試找出案主的生活／睡眠習慣，並給予一些具體建議
3. 再於大組分享，寫出組員所有的建議

經·驗·分·享

▶ 工作員可以因應小組組員的共通情況去編寫個案例子，令討論更切合組員的處境

休 息 1 0 分 鐘

活動 3

睡眠新習慣——鬆弛練習 ⏱30分鐘

☆ **目的**：簡介環境、心理與身體之間的關連

☆ **物資**：
- 簡報S4 第13至21頁
- 腹式呼吸法練習（簡報 S4 第21頁）

☆ **步驟**：
1. 壓力事件與失眠之間的惡性循環（簡報 S4 第13至19頁）
   ▶ 簡介身心思想情緒圖
   ▶ 帶出對睡眠不同的想法會引起不同的情緒
2. 練習放鬆——呼吸鬆弛練習（簡報S4 第20至21頁）（工作員可考慮播放短片或自行帶領）
   a. 首先叫組員閉上眼睛，把注意力集中在自己的呼吸上，呼吸要慢，自然暢順
   b. 吸氣同時心理數1，2，3，停，然後呼氣
   c. 盡量把注意力集中在呼吸上，可合上眼想像空氣由鼻子吸入，經咽喉去到肺部，然後慢慢排出
   d. 每次練習大約5至10分鐘
3. 工作員與組員複習一次每組動作
4. 工作員詢問組員完成鬆弛練習後的感覺，解答疑問及帶領討

> 在解說身心思想情緒圖時，工作員可以因應小組組員的共通情況去編寫個案例子，令討論更切合組員的處境
> 長者有時很在意自己的表現，尤其是所做動作是否正確。於呼吸鬆弛練習時，如果留意到組員因為著意自己的呼吸而變得過分用力，或緊張刻意，可提醒他們呼吸的重點是慢，不用太過緊張自己是否每次都用對位置，學習慢呼慢吸就可以了

活動 4

肌肉鬆弛練習 ⏱20分鐘

☆ **物資**：
- 簡報S4 第22至31頁
- 漸進式肌肉鬆弛練習（簡報 S4 第23頁）

☆ **步驟**：
1. 先觀看漸進式肌肉鬆弛練習影片。工作員可解釋每個動作會令相應肌肉繃緊的位置，並留意組員動作是否正確
2. 工作員可帶領組員跟隨影片去練習漸進式肌肉鬆弛法。過程中提醒組員盡力繃緊肌肉，但也不用勉強自己，可留意身體的限制，量力而為
3. 工作員帶領組員討論完成鬆弛練習後的感覺，並解答疑問

> 部分長者不太善於用力繃緊肌肉，在做漸進式肌肉鬆弛練習前，工作員可以帶領組員做暖身動作，以及強調繃緊肌肉的作用，然後用一、兩個繃緊動作為例子，觀察組員的情況，鼓勵在身體許可情況下盡量用力
> 長者未必能夠跟隨影片或聲帶的速度，工作員可因應組員的特性，自行帶領漸進式肌肉鬆弛練習

> ▶ 過程中工作員應與組員一起練習，可以起帶頭作用，以及能更有效地示範正確的做法
> ▶ 長者在活動中很常出現負面想法，例如：我很差、跟不上、我身體很痛怎可能做到、為甚麼別人做到我卻做不到、我是否做錯等；工作員可以把握這個介入的黃金機會，用身心思維情緒圖來討論，亦可加以解說練習的重點和目的，以及簡單討論這些負面想法是否對組員有幫助

活動 5

總結及安排小練習 ⏱10分鐘

☆ **目的：** 總結本節學習重點，並安排家課小練習

☆ **物資：**
- 「睡眠日記」工作紙（寫上新的起床和上床時間）（附錄 02）
- 「一整天的預備」工作紙（附錄 05）
- 簡報S4 第32頁

☆ **家課：**

1. 填寫「睡眠日記」及新的作息時間
2. 填寫「一整天的預備」
3. 持守「瞓得著才上床（情境控法）」原則
4. 練習呼吸或肌肉鬆弛（每天及有需要時）

☆ **步驟：**

1. 總結今節的重點，工作員邀請組員分享對於本節的感想及疑問
2. 工作員作解答題問小總結，並就組員分享總結組員的得著及本節的學習重點
3. 講解及填寫第一天（即前一夜）的情況於工作紙試，講解如何完成工作紙，邀請他們於往後一星期繼續填寫睡眠的情況
4. 邀請組員把放鬆練習固定在一日當中某個時刻
5. 感謝組員的積極參與，並鼓勵他們完成工作紙後在下一節帶回小組

> ▶ 長者把練習固定在一日當中某個時刻，會有助他們建立常規。工作員可以邀請組員，把放鬆練習加在「一整天的預備」工作紙的某一個時間點上，以及「半夜」一項上

目 標 ◎

1. 明白思想、情緒與失眠的關係
2. 明白不同的解讀（思想／想法）會帶來不同的感受
3. 意象鬆弛練習

小 組 內 容 📝

活動1 ○	重溫上節課程內容及家中實踐成果 ⏰20分鐘

☆ **目的：** 與組員回顧睡眠日記及釐清內容

☆ **物資：**
- 睡眠日記（已填寫的）
- 睡眠日記（記錄新的）（附錄 02）
- 簡報S5 第2至7頁

☆ **步驟：**

1. 計算平均作息時間及睡眠效率是否達成目標，以及闡述改變過程中所面對的困難
2. 計算新的睡眠效率及調整「限制躺床時數」
3. 調整及訂立新的固定躺床和起床時間
4. 與組員了解鬆弛練習的練習情況及其間遇到的困難
5. 回顧有甚麼事情影響我們的心情，有否造成惡性循環

> ▶ 留意組員分享這星期的睡眠情況時，有否對睡眠產生憂慮或負面想法，可考慮在及後的討論中舉引這些例子

活動 2

思想與睡眠 ⏱20分鐘

☆ **目的**：帶出思想與情緒及睡眠的關係

☆ **物資**：
- 簡報S5 第8至16頁

☆ **步驟**：
1. 引用組員的例子，帶領他們認識身心、思想、情緒的關連（簡報S5 第10頁）
2. 讓組員了解思想、情緒、行為、身體反應之間的關係（簡報S5 第11至12頁），帶出想法很多時會影響情緒與睡眠狀態
3. 與組員討論：面對失眠，大家最常出現甚麼想法，以及引起甚麼情緒和身體的反應

經・驗・分・享

▶ 有些長者對於「想法」的概念相對陌生，或是不易分辨和表達，工作員可以花點時間，用組員自身的例子去解釋。亦可多留意長者用甚麼詞語去表達，常見的如：「諗法」、「睇法」、「我覺得佢……」，「我諗起」等等

▶ 如果組員在熱烈討論自己的處境，那便是介入的黃金機會。工作員可把握這例子，具體用一個片段，與小組一起討論

▶ 長者需要多些視覺提示。工作員可以放大印刷「身心思想情緒圖」貼在牆上，或把「身心思想情緒圖」的方框預先寫在白板上，在討論組員的狀況時與大家即時填寫

活動 3

我的薑餅人 ⏱10分鐘

☆ **目的**：了解不同情緒及思想產生時身體不同部位的反應

☆ **物資**：
- 「人形」工作紙（附錄 04）

步驟：
1. 請組員分享當腦中出現這些思想及情緒時，身體會有甚麼感覺？身體哪一部位會有不同的感受？邀請組員在工作紙上記錄身體有感覺的部位

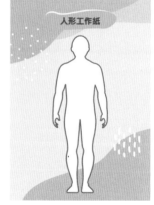

人形工作紙

經・驗・分・享

▶ 長者很多時都不太留意身體的反應，如發現他們說出身體的反應時感到困難，工作員可以由頭部開始，簡介身體每部分有可能出現的反應，讓組員圈出，或在人形工作紙上畫出自己身體有反應的部位

▶ 為方便長者的手眼協調，可把「人形」工作紙列印為 A3尺寸，或是用同一張「人形」工作紙，把所有組員的情況都畫在上面

休 息 1 0 分 鐘

活動 4

人生交叉點——睡眠信念是與非　⏱20分鐘

☆ **目的**：讓組員分辨有關睡眠的正確及謬誤想法，從而建立正確的睡眠信念

☆ **物資**：
- 簡報S5 第17至21頁

☆ **步驟**：

1. 在房間內分開兩個區域（對／錯），工作員逐一讀出十條題目，如果組員認同該題目的信念，就走向「對」的區域，反之亦然

2. 組員完成選擇後，工作員可以讓相方討論正反意見，再看看有沒有組員改變投票意向

3. 工作員就著每一道題向組員講解正確和謬誤的想法，最後看看誰有最多正確的信念。
   睡眠信念的解說：
   ▶ 題1：每個人需要的睡眠時數都不同（可以邀請組員分享，重點不是時數，而是醒來有否感到精神）
   ▶ 題2：就算失眠，明天都一樣可以把事情做好（可以舉組員的例子來說明）
   ▶ 題5及6：都是極端的想法。工作員可以詢問有甚麼行動會令睡眠變差，以此說明組員的行動對睡眠是有影響的
   ▶ 題8：一樣可以出席原本安排好的活動。重點是帶出長此下去，對睡眠和情緒是否有幫助
   ▶ 題9：失眠不會是唯一原因導致身體出問題。重點是帶出過分憂慮反而令自己更易失眠
   ▶ 題3、4、7、10是對的

4. 總結時，帶出負面信念對情緒及睡眠的影響（簡報S5 第20至21頁）

經・驗・分・享

▶ 長者有時會基於經驗或其他因素，較堅持自己的信念，多於相信客觀／學術的說法。工作員可以讓組員分享自己的理據，大家互相討論。同時詢問他們這樣的信念對睡眠有甚麼影響。重點不是強調對錯，而是要說明過分堅持對自己的影響。留意長者都很需要別人的尊重

▶ 工作員自己亦需了解這些信念背後的科學理據，以至可以有更多資料，或是引用組員自身的例子去進一步講解

▶ 這十條題目是長者常有的誤解，工作員可以根據組員的情況，加以調整或者重點討論某些謬誤

活動 5

睡前的思想干擾 ⏱15分鐘

☆ **目的：**
- 了解長者睡前／在床上的思緒內容
- 分辨自己所屬的思想類型
- 睡前預先安頓明天的事情（平靜大腦的活動）

☆ **物資：**
- 簡報S5 第22至25頁

☆ **步驟：**
1. 解說及了解組員睡覺前過分活躍的思想是屬於哪一種類型：
   a. 回播型思緒／計劃型思緒（例如：回顧當日發生的事、計劃明天要做的事）
   b. 排難解憂型思緒 （例如：擔心生活上各種事情）
   c. 睡眠相關型 （例如：擔心失眠）
   d. 身體相關型 （例如：擔心身體毛病）
5. 邀請組員討論及分享有助平靜心思的活動。工作員亦可加以解說及建議（簡報S5 第25頁）

活動 6

意像鬆弛方法／練習 ⏱15分鐘

☆ **物資：**
- 意像鬆弛方法影片 （簡報S5 第29頁）
- 簡報S5 第26至31頁

☆ **步驟：**
1. 工作員向組員講述想像跟生理的關聯，雖然圖片不是實物，卻也可引起生理反應，又或作為安慰劑
2. 分享意像鬆弛法影片
3. 工作員帶領並教導意像鬆弛法，以及了解組員完成後的感覺，並解答疑問，互相討論

經・驗・分・享

> ▶ 長者有時不易透過畫面去想像相關事情，工作員可以預備圖片，幫助長者投入小組
> ▶ 另外，不同的長者對想像的情境有不同的反應。工作員可以預先了解，組員對甚麼場景會較放鬆，以至在意象鬆弛練習時，可以預備相應的情境
> ▶ 意像鬆弛練習的重點是讓長者想像五官於情境中的感受，以幫助他們投入其中。工作員帶領時可以多加形容當中的感官經驗
> ▶ 如組員在練習中感覺有睡意，甚至睡著，工作員可以藉此帶出放鬆對睡眠的幫助

活動 7

總結及安排小練習 ⏱10分鐘

☆ **目的：** 總結本節學習重點，並安排家課小練習

☆ **物資：**
- 「睡眠日記」工作紙（寫上新的起床和上床時間）（附錄 02）
- 「一整天的預備」工作紙（附錄 05）
- 簡報S5 第32頁

☆ **家課：**

1. 填寫「睡眠日記」及新的作息時間
2. 填寫「一整天的預備」
3. 持守「瞓得著才上床（情境控法）」 原則
4. 選擇一種放鬆練習去實踐（每天及有需要時）

☆ **步驟：**

1. 總結今節的重點，工作員邀請組員分享對於本節的感想及疑問
2. 工作員作解答提問小總結，並就組員的，分享總結組員的得著及本節的學習重點
3. 工作員邀請組員填寫第一天（即前一夜）的情況於工作紙，講解如何完成工作紙，邀請他們於往後一星期繼續填寫睡眠情況
4. 邀請組員把放鬆練習固定在一日當中某個時刻
5. 感謝組員的積極參與，並鼓勵他們完成工作紙後在下一節帶回小組

> ▶ 由於下一節要協助組員計算睡眠有效度，工作員可建議組員於每節的前一天影相或交回睡眠日記，以便開組前已計算清楚睡眠有效度

目標 ◎

1. 認識不同的思想陷阱／地雷，以及它們對情緒的影響
2. 學習改變想法，懂得欣賞周遭事物和培養感恩之心

小組內容 📝

活動 1

重溫上節課程內容及家中實踐成果 ⏱20分鐘

☆ **目的**：與組員回顧睡眠日記及釐清內容

☆ **物資**：
- 睡眠日記（已填寫的）
- 睡眠日記（記錄新的）（附錄02）
- 簡報S6 第2至5頁

☆ **步驟**：
1. 計算平均作息時間及睡眠效率是否達成目標，以及闡述改變過程中所面對的困難
2. 計算新的睡眠效率及調整「限制躺床時數」
3. 與組員了解鬆弛練習的練習情況及其間遇到的困難
4. 回顧對失眠的想法和平靜大腦的方法

經·驗·分·享

▶ 留意組員分享這星期的睡眠情況時，有否對睡眠產生憂慮或負面想法，可考慮在及後的討論中舉引這些例子

活動 2

思想新角度（一） ⏱10分鐘

☆ **目的**：了解思想與情緒的關係

☆ **物資**：
- 簡報S6 第6至8頁

步驟：
1. 重溫思想、情緒與身體之間的關係
2. 介紹自動化的負面思想

活動 3 思想陷阱 ⏱30分鐘

☆ **目的**：讓組員了解自己的思想陷阱

☆ **物資**：
- 簡報S6 第9至13頁

步驟：

1. 簡單介紹常見的思想陷阱，讓組員了解並嘗試找出自己最常有的思想陷阱：
   a. 非黑即白〔一定要瞓足5粒鐘先叫瞓得好〕
   b. 大難臨頭〔瞓得唔好會好影響健康，無精神又做唔到嘢〕
   c. 打沉自己〔啲方法係我身上唔會得㗎嘞！今晚一定都係瞓唔到〕

> ▶ 組員步伐各有快慢，有些組員可能在最初介紹思想陷阱時已能說出自身常跌進的陷阱，相反有些組員則需要更多時間去理解，所以活動三及四的分界可能會較模糊，工作員帶領時需靈活變通
>
> ▶ 如工作員能在前幾節中識別組員的思想陷阱或口頭禪（例如：我做咩都唔得、應該要、一定要……），可當作是其他人的例子來加以說明
>
> ▶ 如組員不認為自己有思想陷阱，工作員可多作引導性發問，不必勉強。同時留意有些長者對事情有很強烈的對錯觀念（非黑即白想法），工作員應盡量強調思想陷阱並非關乎對錯，而是該想法是否有幫助，以避免組員將注意力放在討論對錯上

休 息 1 0 分 鐘

活動 4 換個想法──感恩 ⏱40分鐘

☆ **目的**：擴闊視野，敏於覺察，培養對周遭的事物有感恩的心，並且調整法，從而改善情緒

☆ **物資**：
- 感恩卡
- 簡報S6 第14至28頁

步驟：

☆ 1. 用投影片裡的黑白圖案，與組員討論凡事都有幾面看法

2. 解說時，帶出思想會限制日常觀察事物的角度，只會看留意到的，而忽略了其他部分

3. 帶出調整想法是要去擴闊視野，留意事物的不同部分。就如大部分人都只會著重看圖片中黑色的部分，而忽略其他顏色的部分

4. 解說感恩的重點是擴闊視野，留意生活中美好的事
   ▶ 邀請長者從每張相片中找出值得感恩的地方
   ▶ 提醒組員可用不同的角度來看待事情

5. 個人感恩分享：
   ▶ 邀請組員向小組內另一位組員（或者小組以外的人）表達一件值得感恩的事
   ▶ 如果合適，可以把感恩的事寫在圖卡上，然後送給那位值得他感恩的人

▶ 在討論感恩時，長者往往容易想到的是重大的事件，正如回顧人生值得感恩的事，通常想到的是生兒育女、宗教信仰、大病初癒等；工作員可以帶出日常中每時每刻的小事，例如：吃了香甜的水果、花香撲鼻、陽光普照等，也值得我們去感恩

▶ 長者對視覺的提示，印象會更深刻，工作員可多預備日常生活的圖片，例如公園內坐著輪椅聊天的長者，以此引起大家討論圖片中讓人留意到的部分，以及值得感恩的地方

▶ 長者較易掌握即時的感覺。工作員解釋只要對日常中的小事常懷感恩的心，心情也會有所好轉。每位組員分享一件值得感恩的事件後，工作員可詢問組員此刻感覺如何，答案多是感覺良好

活動 5

總結及安排小練習 ⏱10分鐘

☆ **目的**：總結本節學習重點，並安排家課小練習

☆ **物資**：
- 「感恩日記」工作紙（附錄 03）
- 「睡眠日記」工作紙（寫上新的起床和上床時間）（附錄 02）
- 「一整天的預備」工作紙（附錄 05）
- 簡報S6 第29頁

☆ **家課**：

1. 記錄這星期內三件值得感恩的事（拍照或寫感恩日記）
2. 填寫「睡眠日記」及新的作息時間
3. 填寫「一整天的預備」
4. 持守「瞓得著才上床（情境控法）」原則
5. 選擇一種放鬆練習去實踐（每天及有需要時）

☆ **步驟**：

1. 總結今節的重點，工作員邀請組員分享對於本節的感想及疑問
2. 工作員作解答提問小總結，並就組員的分享，總結組員的得著及本節的學習重點
3. 工作員邀請組員填寫第一天（即前一夜）的情況於工作紙，講解如何完成工作紙，同時邀請他們於往後一星期繼續填寫睡眠的情況
4. 邀請組員把放鬆練習固定在一日當中某個時刻
5. 感謝組員的積極參與，並鼓勵他們完成工作紙後在下一節帶回小組

▶ 工作員可以鼓勵長者或「樂齡之友」拍照記錄感恩的事，並在下一節分享

目 標 ◎

1. 捕捉及挑戰自己的負面想法，並建立健康且有助紓緩情緒的想法／句子
2. 協助組員建立有效紓緩情緒的方法

小 組 內 容 ✏️

活動 1　**重溫上節課程內容及家中實踐成果**　⏱️35分鐘

☆ **目的：** 與組員回顧睡眠日記及釐清內容

☆ **物資：**
- 組員感恩練習的照片
- 睡眠日記（已填寫的）
- 睡眠日記（記錄新的）（附錄 02）

☆ • 簡報S7 第2頁

步驟：

1. 分享組員感恩練習的照片及感恩日記
2. 計算平均作息時間及睡眠效率是否達成目標，以及闡述改變過程中所面對的困難
3. 計算新的睡眠效率及調整「限制躺床時數」
4. 與組員了解鬆弛練習的練習情況及其間遇到的困難

經 · 驗 · 分 · 享

▶ 工作員可以鼓勵組員以影相來分享製作感恩日記，亦可用附近屋邨的樹／景色的圖片，提醒長者平日多留意周遭的事物

休 息 1 0 分 鐘

活動 2

思想新角度（二）──反問負面想法 ⏱35分鐘

☆ **目的：** 挑戰負面想法，建立正面健康的思想模式

☆ **物資：**
- 「挑戰負面想法卡」（附錄 06）
- 筆
- 簡報S7 第3至16頁

☆ **步驟：**

1. 重溫思想陷阱（簡報S7 第3至8頁）
   - 解說：當發現自己受負面想法困擾（訊號燈），組員可以學習用問題反問自己，從而幫助自己跳出負面想法，建立更客觀合宜的想法，紓緩情緒

2. 反問自己的問題：（對應所有挑戰負面想法卡）（簡報S7 第9頁）
   a. 事情係咪一定係咁㗎？
   b. 有無其他可能性呢？
   c. 持續想著這個想法，對我有甚麼影響？

3. 工作員介紹每張「挑戰負面想法卡」，邀請組員嘗試用卡面上的問題（或自己想到的問題）反問那些負面想法，及圈選出最能幫助自己挑戰思想陷阱的問題

4. 建立提醒自己的金句，例如：（簡報S7 第10至12頁）
   a. 非黑即白──「好多可能㗎」
   b. 大難臨頭──「冇咁嚴重遮」
   c. 打沉自己──「我總有嘢得」／我有三分釘

5. 然後引導組員於卡片背面寫上有助紓緩情緒的句子或「金句」

經．驗．分．享

- 如組員找出思想陷阱並願意分享，工作員可邀請他分享，並以其作例子詳細解釋轉念的過程，以及轉念前後情緒的變化
- 實物或圖片都會能幫助長者在日常生活中記起轉念的金句。實物例如：
  a. 「好多可能㗎」──八爪魚衣架
  b. 「冇咁嚴重遮」──雨傘
  c. 「我總有嘢得」──小鴨
- 工作員亦可根據組員的情況，預備不同的金句卡給他們選擇

活動 3

情境討論——好多可能喙 ⏱30分鐘

☆ **目的**：練習從不同角度去思考

☆ **物資**：
- 一個有多個衣夾的衫架／八爪魚衣架
- 空白紙條
- 筆
- 簡報S7 第17至20頁

☆ **步驟**：
1. 邀請組員討論情境一或二，把不同的可能性或想法都寫在紙條，並吊在衫架上
2. 解說時帶出在日常生活上，任何事也有其他可能性，鼓勵組員嘗試用另一種角度去看事情，有助建立正面健康的思考模式

 經·驗·分·享

> ▶ 如果組員有合適的例子，可以改用兩位組員的例子來做解說

活動 4

總結及安排小練習 ⏱10分鐘

☆ **目的**：總結本節學習重點，並安排家課小練習

☆ **物資**：
- 「感恩日記」工作紙（附錄 03）
- 「睡眠日記」工作紙（寫上新的起床和上床時間）（附錄 02）
- 「一整天的預備」工作紙（附錄 05）
- 簡報S7 第21頁

☆ **家課**：

1. 記下一星期內三次值得感恩的事（拍照或寫感恩日記）
2. 填寫「睡眠日記」及新的作息時間
3. 填寫「一整天的預備」
4. 持守「瞓得著才上床（情境控法）」原則
5. 選擇一種放鬆練習去實踐（每天及有需要時）

☆ **步驟**：
1. 總結今節的重點，工作員邀請組員分享對於本節的感想及疑問
2. 工作員作解答提問小總結，並就組員的分享，總結組員的得著及本節的學習重點
3. 工作員邀請組員填寫第一天（即前一夜）的情況於工作紙，講解如何完成工作紙，同時邀請他們於往後一星期繼續填寫睡眠的情況
4. 邀請組員把放鬆練習固定在一日當中某個時刻
5. 感謝組員的積極參與，並鼓勵他們完成工作紙在下一節帶回小組

目 標

1. 協助組員重溫及鞏固之前的學習，以及建立處理失眠的工具
2. 讓組員分享於這八星期中的改變與得著，互相欣賞和鼓勵

小 組 內 容

活動1

重溫上節課程內容及家中實踐成果　⏱30分鐘

☆ **目的**：與組員回顧睡眠日記及釐清內容

☆ **物資**：
- 睡眠日記（已填寫的）
- 簡報S8 第2至8頁

☆ **步驟**：
1. 計算平均作息時間及睡眠效率是否達成目標，以及闡述改變過程中所面對的困難
2. 計算新的睡眠效率及調整「限制躺床時數」
3. 與組員了解鬆弛練習的練習情況及其間遇到的困難

活動2

堅持可變成習慣　⏱40分鐘

☆ **目的**：重溫及鞏固之前的學習

☆ **物資**：
- 簡報S8 第9至27頁

☆ **步驟**：
1. 睡眠是甚麼（簡報S8 第10至12頁）
   ▶ 了解影響睡眠規律的主要因素：眼睏指數及生理時鐘
   ▶ 了解失眠是甚麼及導致失眠的因素
2. 環境、心理與身體之間的關係（簡報S8 第13至17頁）
   ▶ 一整天的準備——建立有助睡眠的習慣
   ▶ 日常飲食與運動／睡眠環境／睡前準備
   ▶ 壓力事件與失眠之間的惡性循環
   ▶ 緊守眼睏才上床原則
   ▶ 如果到了躺床時間還是沒有睡意，別躺床
   ▶ 如果在躺床時間之前已感睏倦，堅持到訂下的躺床時間才上床。（儲多點眼睏指數）
   ▶ 儘量別午睡，越晚的午睡，不良的影響越大
3. 思想、情緒與睡眠的關係（簡報S8 第18至20頁）
   ▶ 睡前的思想干擾
   ▶ 意象鬆弛練習
   ▶ 思想陷阱
4. 換個想法——調整情緒（簡報S8 第21至27頁）
   ▶ 感恩練習
   ▶ 轉念方法
   ▶ 腹腔式及肌肉鬆弛練習

休息10分鐘

活動3

在這個旅程⋯⋯ ⏱40分鐘

☆ **目的**：讓組員分享於這八星期中的改變與得著

☆ **物資**：
- 過去八個星期的睡眠記錄
- 心意卡
- 筆
- 簡報S8 第28至29頁

步驟：

1. 請長者在心意卡上寫下過去八個星期內最大的得著
2. 邀請每位長者分享這八星期中的：
   a. 改變
   b. 最大的得著

經·驗·分·享

▶ 如時間及物資許可，工作員可安排「畢業禮」或頒發證書予組員，寓意他們完成了一個學懂讓自己快樂的課程，並邀請他們分享課程中最大的得著和最深刻的印象

▶ 比起使用「參與治療」，以「參與課程」來命名小組更能讓組員覺得有能力及成就感

▶ 如時間許可，工作員可派發便利貼及星星貼紙予組員，讓他們寫上欣賞其他組員的地方，並將其貼在該組員身上；不懂或不想寫字的，亦可把星星貼紙貼在其他組員身上

請掃描二維碼
觀看影片/獲取資源連結

六 節 小 組 大 綱

工作員可考慮調整及簡化小組內容，由8節改為6節。6節小組的內容可參考以下大綱：

節數	主題	大網
1	知己知彼	• 互相認識+訂立小組守則 • 介紹小組目標及內容 • 介紹睡眠與失眠 • 了解組員期望 • 訂立個人目標 • 安排睡眠日記式
2	睡眠衛生與一天的預備	• 明白睡眠是一整天的準備 • 了解自己的生活習慣對睡眠的影響 • 了解睡眠衛生的重要 • 學習情境控制法
3	建立睡眠新習慣	• 計算睡眠有效度 • 介紹睡眠限制法 • 以睡眠限制法訂立新的睡眠時間表，以改善睡眠有效度
4	思想與睡眠	• 思想、情緒與失眠之間的關係 • 意像鬆弛練習
5	思想多角度	• 思想陷阱 • 轉念的方法:感恩與金句
6	堅持可變成習慣	• 總結重點 • 回顧每個人的改變

失眠因素 BINGO

過度擔心

壓力事件

痛症/病痛

作息混亂

情緒困擾

日間睡覺

不定時起床

在床上活動

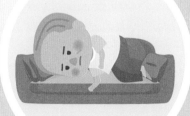

欠缺活動

睡眠日記　　姓名：_____

日期	星期	上床時間	估計睡著時間	半夜醒次數	總共醒了多長時候	早上醒來時間	早上離床時間	午睡時間	睡醒時的感覺 0＝感覺完全沒休息過 1＝頗為疲倦 2＝精神尚可 3＝精神飽滿
__月__日	日	__時__分	__時__分	__次	__分鐘	__時__分	__時__分	__至__ __至__	0 / 1 / 2 / 3
__月__日	一	__時__分	__時__分	__次	__分鐘	__時__分	__時__分	__至__ __至__	0 / 1 / 2 / 3
__月__日	二	__時__分	__時__分	__次	__分鐘	__時__分	__時__分	__至__ __至__	0 / 1 / 2 / 3
__月__日	三	__時__分	__時__分	__次	__分鐘	__時__分	__時__分	__至__ __至__	0 / 1 / 2 / 3
__月__日	四	__時__分	__時__分	__次	__分鐘	__時__分	__時__分	__至__ __至__	0 / 1 / 2 / 3
__月__日	五	__時__分	__時__分	__次	__分鐘	__時__分	__時__分	__至__ __至__	0 / 1 / 2 / 3
__月__日	六	__時__分	__時__分	__次	__分鐘	__時__分	__時__分	__至__ __至__	0 / 1 / 2 / 3

平均睡著時數 = ＿＿＿＿ 小時 ((估計睡著時數總和) ÷ ＿＿＿＿ (日數) = ＿＿＿＿ 小時

平均躺床時數 = ＿＿＿＿ 小時 (由 上床時間 至 離床時間) ÷ ＿＿＿＿ (日數) = ＿＿＿＿ 小時

睡眠效率:

$$\frac{(平均睡著時數)}{(平均躺床時數)} \times 100\% = \underline{\quad\quad\quad}$$

新的上床時間: ＿＿＿＿

感恩之心

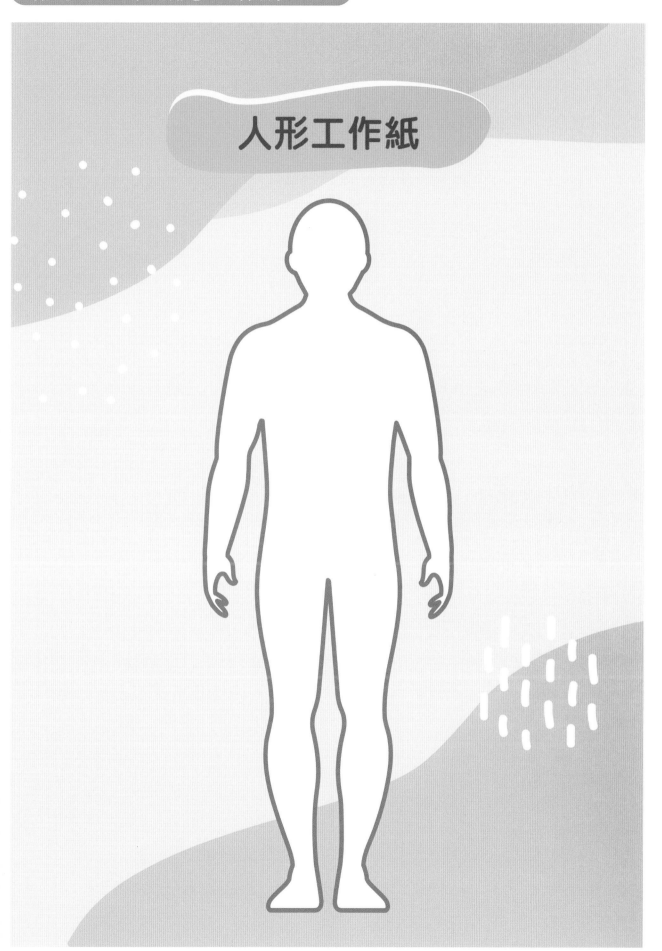

人形工作紙

「一整天的預備」工作紙

日期								
起床: 固定起床時間								
白天: 適當運動 午後不要小睡 減少咖啡因攝取								
入夜: 大腦關機時間 不要打盹 避免刺激(身心) 事 減少酒精/煙/刺激品攝取								
睡前: 別過飽/餓,飲酒 有睡意才躺床 把時鐘擺開 放鬆心情, 做放鬆練習								
半夜: 睡不著離床 有睡意再上床 放得開的心情 別看時間 別進食或做複雜事								

如當天有實行睡眠衛生，在方格內打 ✔，沒有就打 ✖

冇咁嚴重瘛

擊破 「大難臨頭」

反問自己：

- 事情的結果真的這麼嚴重？有證據嗎？

- 發生又如何？我可以怎樣處理？

- 其他人會怎樣想這事？我會誇大了嗎？

策劃及捐助：

香港賽馬會慈善信託基金

合作院校：

香港中文大學

HKU SWSA Department of Social Work and Social Administration The University of Hong Kong 香港大學社會工作及社會行政學系

好多可能架

擊破非黑即白

反問自己：

・這事有哪些好的部份？

・只可以得一種處事／睇法嗎？

・還有甚麼可能性？

合作院校：

Department of Social Work and Social Administration
The University of Hong Kong
香港大學社會工作及社會行政學系

策劃及捐助：

香港賽馬會慈善信託基金

賽馬會樂齡同行計劃
Jockey Club Holistic Support Project for Elderly Mental Wellness

我有三分釘

擊破「打沉自己」

反問自己：

- 我有哪些地方做得好？真的不能應付嗎？

- 繼續想著這思想法對我有甚麼影響？

- 我曾有甚麼成功的經驗？

合作院校：

HKU SWSA Department of Social Work and Social Administration
The University of Hong Kong 香港大學社會工作及社會行政學系

策劃及捐助：

香港賽馬會慈善信託基金

賽馬會樂齡同行計劃
JC JoyAge Holistic Support Project for Elderly Mental Wellness

我要睇真啲

擊破「妄下判斷」

反問自己：

· 我這樣估計，有甚麼證據嗎？是事實的全部嗎？

· 其他人會怎樣想這事？事情還有其他可能嗎？

· 我可以怎樣了解多點？

合作院校：

Department of Social Work and Social Administration
The University of Hong Kong
香港大學社會工作及社會行政學系

策劃及捐助：

香港賽馬會慈善信託基金

賽馬會樂齡同行計劃
Jockey Club Holistic Support Project
for Elderly Mental Wellness

我總有嘢得

擊破「打沉自己」

反問自己：

· 我有哪些地方做得好？真的不能應付嗎？

· 繼續想著這想法對我有甚麼影響？

· 我曾有甚麼成功的經驗？

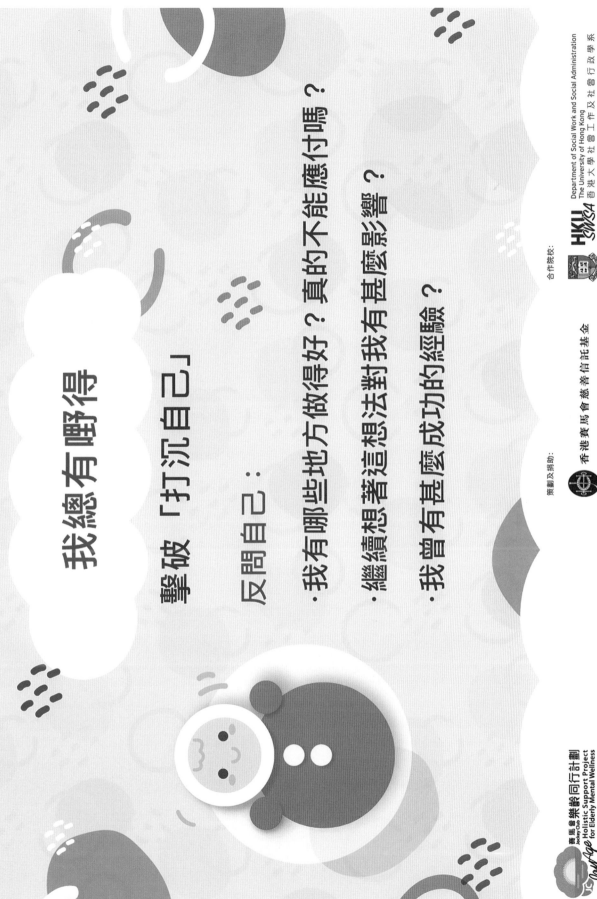

合作院校：

HKU SWSA
Department of Social Work and Social Administration
The University of Hong Kong
香港大學社會工作及社會行政學系

策劃及捐助：

香港賽馬會慈善信託基金

賽馬會樂齡同行計劃
Jockey Club
JC JoyAge Holistic Support Project for Elderly Mental Wellness

責任分清袋

擊破 「攬晒上身」

反問自己：

· 是否一定與我有關？其他人沒有責任？

· 是否沒有我，就不能成事？

· 繼續想著這想法對我有甚麼影響？

合作院校：

HKU Department of Social Work and Social Administration
SWSA The University of Hong Kong
香港大學社會工作及社會行政學系

策劃及捐助：

香港賽馬會慈善信託基金

賽馬會樂齡同行計劃
JoyAge Holistic Support Project for Elderly Mental Wellness

American Psychiatric Association (APA). (2022). Sleep-wake disorders. In *Diagnostic and statistical manual of mental disorders* (5th ed., text rev.). https://doi.org/10.1176/appi.books.9780890425787.x12_Sleep-Wake_Disorders

Trauer, J. M., Qian, M. Y., Doyle, J. S., Rajaratnam, S. M., & Cunnington, D. (2015). Cognitive behavioral therapy for chronic insomnia: A systematic review and meta-analysis. *Annals of Internal Medicine, 163*(3), 191–204.

Yu, B. Y. M., Yeung, W. F., Lam, J. C. S., Yuen, S. C. S., Lam, S. C., Chung, V. C. H., . . . & Ho, J. Y. S. (2020). Prevalence of sleep disturbances during COVID-19 outbreak in an urban Chinese population: A cross-sectional study. *Sleep Medicine*, 74, 18–24.

Kroenke, K., & Spitzer, R. L. (2002). The PHQ-9: a new depression diagnostic and severity measure. *Psychiatric Annals, 32*(9), 509–515.